美丽鼠学花钱

认识人民币

贺 洁 薛 晨◎著 哐当哐当工作室◎绘

数学的萌芽

北京科学技术出版社

为了庆祝结婚纪念日，美丽鼠的爸爸妈妈决定去旅游一周，过过二人世界。

出发前，妈妈给了美丽鼠一些钱和一本漂亮的红色账本，让她这段时间负责管钱，并把每天的开支记录下来。

“用钱时要看清上面的面值哟。”妈妈叮嘱道。

美丽鼠表示没问题。在学校里，鼠老师已经教鼠宝贝们认识了各种面值的人民币！

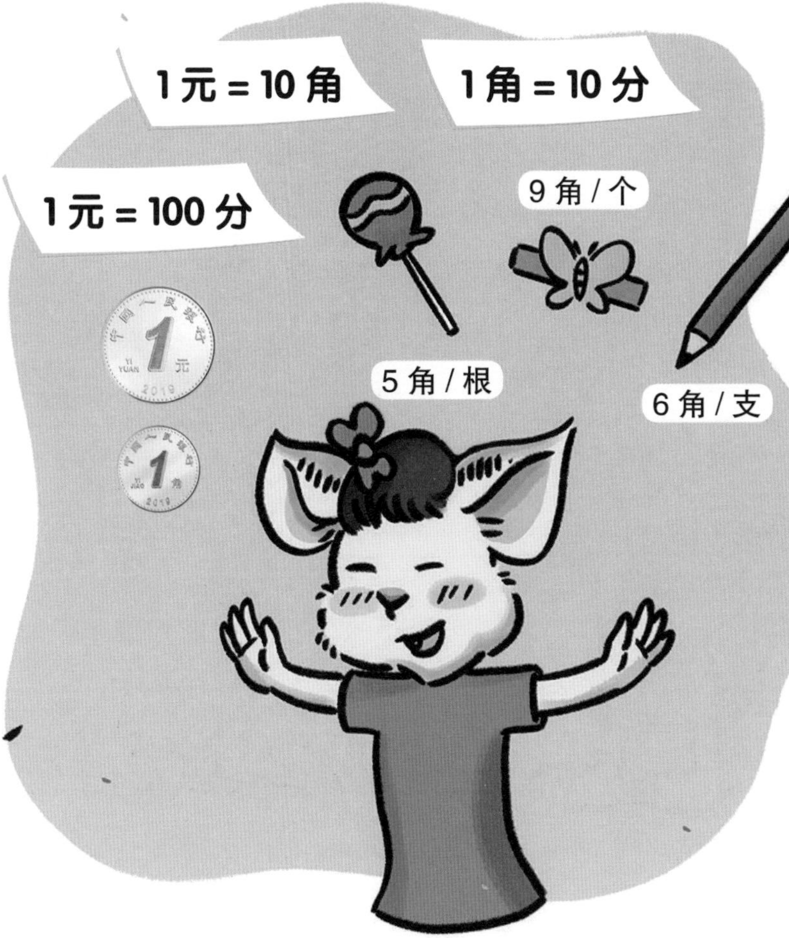

美丽鼠最喜欢硬币了，她的存钱罐里全是硬币。她觉得只用硬币，就可以买任何东西——棒棒糖、蝴蝶发卡，还有铅笔。

美丽鼠当家的第二天，松鼠阿姨来收水费：“美丽鼠，你们家该交这个月的水费了，一共 10 元。”

这可难不倒美丽鼠！

美丽鼠从存钱罐里拿出了很多1角硬币，凑够了10元。松鼠阿姨都快哭了，这么多硬币可怎么拿呀？

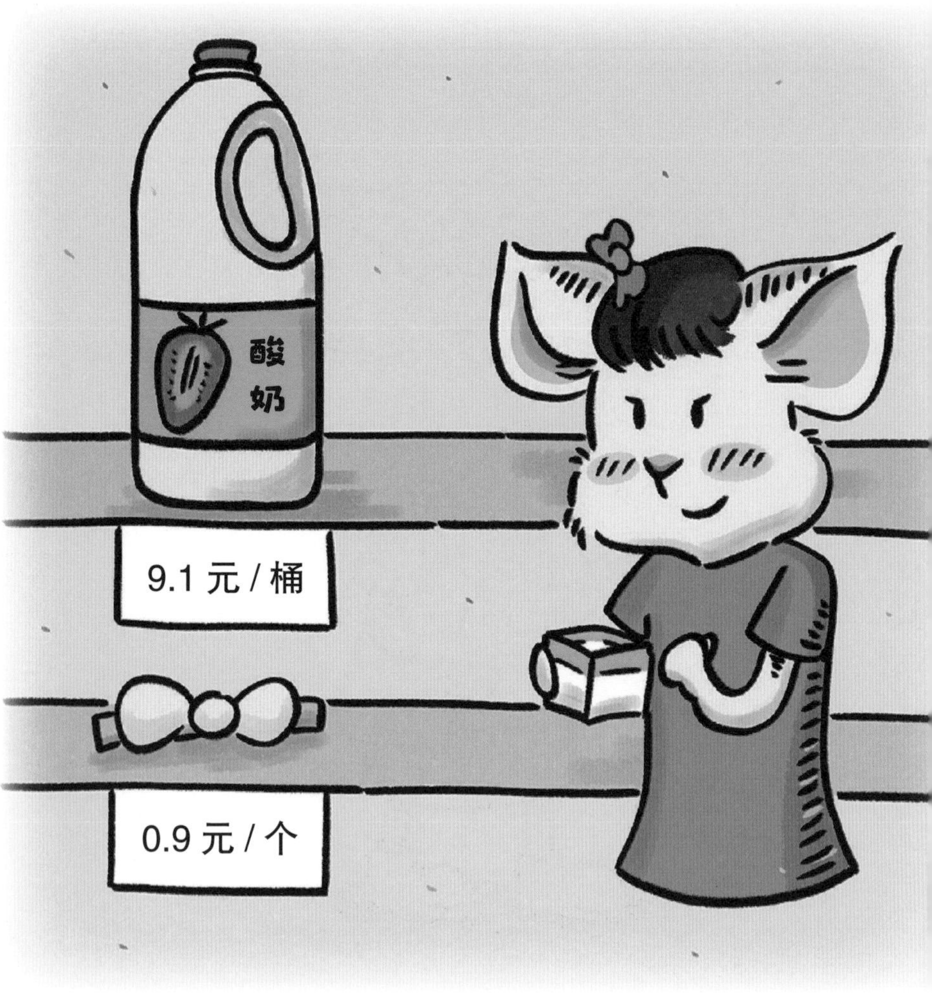

当家管钱也不难嘛！

第三天，美丽鼠和奶奶去超市，她们要买一桶草莓酸奶。酸奶每桶 9.1 元，这时可以用哪些面值的人民币来付款呢？

奶奶告诉她：“先拿出足够的‘元’，再拿出足够的‘角’，就能凑够买东西的钱啦！”

美丽鼠想了一会儿，决定把货架上的发卡和酸奶一起买下来，并递给收银员一张 10 元的纸币。

发卡是美丽鼠买给奶奶的。当美丽鼠把漂亮的发卡给奶奶戴上时，奶奶笑得可开心了！

第四天，美丽鼠跟爷爷去了菜市场。菜市场里有各种各样的蔬菜。西红柿每千克 4 元，他们买了 1.5 千克；大蒜每千克 4.5 元，他们买了 2 千克。

“阿姨，我给您 20 元，您找我 5 元就行。”美丽鼠的聪明和礼貌赢得了卖菜阿姨的称赞。

从菜市场回家的路上，爷爷想考考美丽鼠50元、20元和10元有哪些不同。

“面值不一样，颜色不一样。”

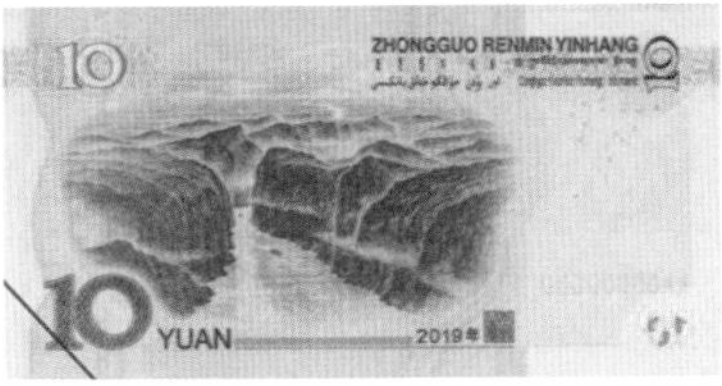

还有呢？爷爷给美丽鼠讲了讲人民币背面的图案。10 元人民币背面的图案是长江三峡，20 元人民币背面的图案是桂林山水，50 元人民币背面的图案是布达拉宫。这些都是我国的美丽风光。

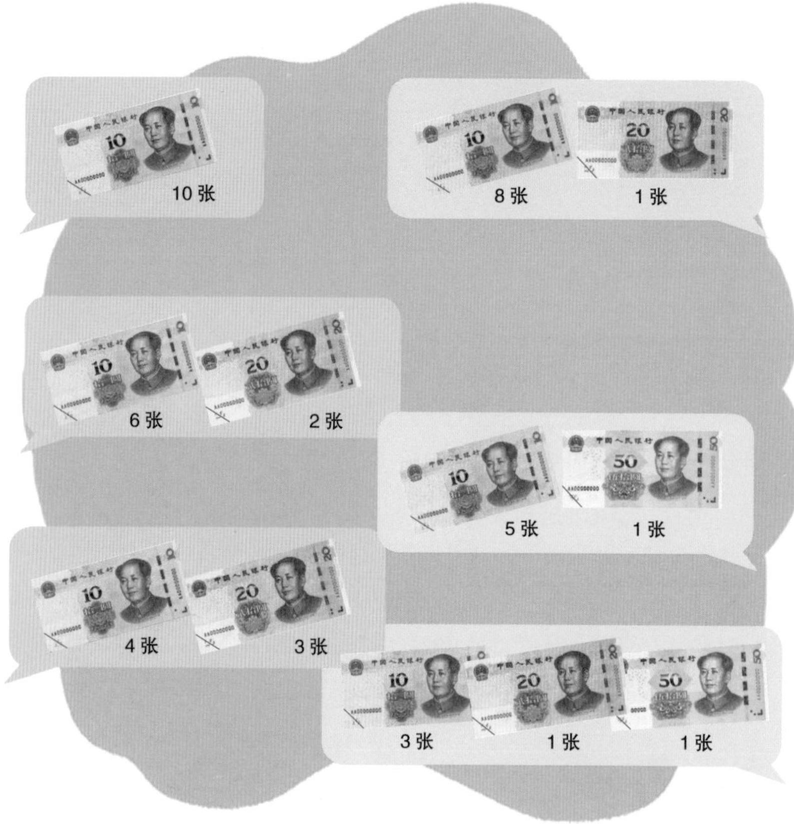

“爷爷，我们玩个游戏吧！我们轮流说出用 10 元、20 元、50 元凑齐 100 元的方法，看看谁说的多！”美丽鼠向爷爷发起挑战。

“好啊！”爷爷爽快地答应了。

美丽鼠和爷爷你一种、我一种地说着。又轮到美丽鼠时，她卡住了。这时，爷爷掏出一张 100 元的人民币。

“爷爷耍赖！那我还可以用 1000 个 1 角硬币凑齐 100 元。”美丽鼠说。

爸爸妈妈还有 3 天才回来。美丽鼠想起今天是捣蛋鼠的生日，她答应送给捣蛋鼠一个超酷的模型作为生日礼物。

捣蛋鼠最喜欢直升机了。美丽鼠花了 42 元钱买下了直升机模型，还用彩笔在上面写了四个字“捣蛋鼠号”！

还有两天爸爸妈妈才回来。美丽鼠担心生活费不够用，决定买东西时先挑选特价商品。

超市里特价商品的价签一般是黄色的。黄色很醒目，容易引起人们的注意。

俗话说："不当家不知柴米贵。"大米原价每千克 5 元，今天特价每千克 3 元。美丽鼠买了 5 千克大米，花了 15 元。就这样，美丽鼠省下了不少钱。

爸爸妈妈回来了。听完美丽鼠的当家经历，妈妈开心地说："亲爱的宝贝，以后咱们家的生活费都交给你管。"

"太好了！"美丽鼠说。

“不过，你们得先给我买 100 个存钱罐。”原来，美丽鼠把剩下的生活费都换成了硬币！

学会使用人民币

第一次买东西

捣蛋鼠第一次自己去买东西。买下列物品要付多少枚硬币呢？

换一换

______枚  可以换 1 张 。

______张  可以换 1 张 。

______张  可以换 1 张 。